AF613684

RÉCEPTION
DU COMTE D'ARTOIS
CHEZ M. L'ÉLECTEUR DE COLOGNE,
Frere de la Reine de France.

Le chagrin monte en croupe & galoppe avec lui. *Boileau.*

A BRUXELLES,
De l'Imprimerie de LINGUET.

1789.

RÉCEPTION
DU COMTE D'ARTOIS
CHEZ L'ÉLECTEUR DE COLOGNE.

Le chagrin monte en croupe & galoppe avec lui. *Boileau.*

LE Comte d'Artois hors d'haleine sonne à la porte de l'Electeur.

Un valet de chambre paroît qui lui demande son nom. Le Comte d'Artois se fait connoître.

Le valet-de-chambre l'introduit, non, sans lui avoir fait beaucoup de difficultés & de questions.

Le Comte d'Artois tout en sueur, les cheveux épars, & sous un habit déguisé, parle ainsi à l'Electeur.

M. l'Electeur, j'ai recours à votre humanité; sauvez-moi, je vous supplie de la rage d'un peuple qui me poursuit; ouf! Je n'en puis plus.

L'ÉLECLEUR.

Un ſiége à Monſieur.

LE COMTE D'ARTOIS.

Le coſthume ſous lequel je me préſente....... vous paroîtra ſans doute bien étonnant........ vous aurez peine à vous perſuader que le frere d'un Roi de France......

L'ÉLECTEUR.

Seroit-il poſſible ! Quoi vous êtes réellement le Comte d'Artois ! Quel coup fatal du ſort a pu vous réduire à cette extrêmité ?

LE COMTE D'ARTOIS.

Il n'eſt pas que vous n'ayez entendu parler des révolutions qui agitent en ce moment toute la France.......

L'ÉLECTEUR.

Si j'en crois la renommée, elle m'a appris que le Français jaloux de jouir de la liberté vient de briser ses fers.

LE COMTE D'ARTOIS.

Depuis long-temps la Reine Madame de Polignac, beaucoup d'autres & moi, nous nous étions fait une douce habitude de puiser dans le trésor royal pour nous procurer la jouissance de tous les plaisirs que la volupté peut inventer; croiriez-vous, M. que, parce que d'accord avec plusieurs Ministres que nous avions eu la précaution de mettre dans nos intérêts, nous avons cherché à établir de nouveaux impôts pour réparer le déficit que nos dépenses exhorbitantes avoient occasionné, le peuple indigné de notre conduite traverse nos desseins en voulant nous faire la loi, & en me chassant, moi sur-tout, du Royaume?

L'ÉLECTEUR.

Vous me ſurprenez ! le Français eſt doux, compatiſſant, aimable, généreux; il reſpecte, il chérit, il adore le ſang de ſes Rois : par quelle étrange deſtinée eſt-il ainſi tout-à-coup ſorti de ſon caractere? Sans doute que vous lui avez donné bien des motifs de mécontentement.

LE COMTE D'ARTOIS.

La nation aſſemblée prétend que la Conſtitution étant vicieuſe, elle ſeule a le droit de la réformer : que l'expérience a prouvé qu'en la laiſſant ſubſiſter telle qu'elle eſt, le Royaume finiroit pas être écraſé ſous le poids de ſes dettes; de ſorte que ſelon ſes intentions elle veut que nous n'ayions plus le droit, à l'avenir, ni le Roi, ni la Reine, ni moi, de toucher aux deniers du tréſor royal pour les diſſiper en frivolités, & ſoudoyer les Agens de nos plaiſirs : ne trouvez-vous pas, Monſieur, que cet attentat eſt un crime de leze-Majeſté au premier chef dans une Monarchie ? & parce que je fais tous mes efforts pour repouſſer une entrepriſe auſſi criminelle, ne voilà-t-il pas que je ſuis devenu pour tous les Français un objet d'horreur & de malediction ?

L' ÉLECTEUR.

Ecoutez-donc, ſi par une mauvaiſe adminiſtration de coupables Miniſtres ont deſſeché les caiſſes juſqu'à préſent, en ſe prêtant baſſement à des manœuvres repréhenſibles pour plaire à de vils Courtiſants, & à une troupe de Catins, je ne vois pas que la Nation, qui, ſeule porte le fardeau des impôts ſoit repréhenſible de s'élever contre ces abus véritablement criants.

LE COMTE D' ARTOIS.

Eſt-ce que le Roi n'eſt pas le maître ? Quand il donne des ordres à ſon Directeur général des Finances de délivrer à qui il lui plaît sur le trésor royal telle ou telle somme, il doit les exécuter.

L'ÉLECTEUR.

Pas toujours, ne vous déplaise. Le numéraire provenant des impôts est un argent sacré que le Souverain ne doit employer que pour les besoins urgens de l'Etat & non pas pour le sacrifier à entretenir les plaisirs d'une troupe d'adulateurs, de ribauts & de p......... qui coulent leurs jours dans la mollesse sans s'inquiéter du bonheur des peuples. Tenez, Monsieur, nous sommes seuls, permettez que je vous parle ouvertement : peut-être, que ma franchise déplaira à vos oreilles peu accoutumées à entendre le langage de la vérité ; n'importe : jusqu'ici je n'ai rien voulu vous dire de désagréable, mais je sais tout : votre conduite m'est connue : vos crimes sont parvenus jusqu'à moi. Je vous avouerai donc naturellement : que vous & toute votre clique vous avez tort, & que ce n'eſt pas ſans raiſon que le Français a conçu contre vous tous la haine la plus invétérée. Excuſez encore une fois ma ſincérité ; mais il faut que je vous révéle tête à tête toutes vos ſottiſes & les horribles attentats dont vous vous êtes rendu coupable : entre nous ſoit dit : de quel œil penſez-vous que la Nation reſpectable où vous fûtes né doive regarder les écarts impardonnables & multipliés, qu'une éducation perverſe & un cœur corrompu vous ont fait commettre depuis votre enfance ?

LE COMTE D'ARTOIS.

Hé, quels écarts, s'il vous plaît !

L'ÉLECTEUR.

Là, là, ne vous échauffez pas, Monſieur, vous avez beſoin de repos. Je ſçais bien, qu'enflammé par l'ardeur de votre jeuneſſe, ébloui par l'éclat du haut rang où la fortune bizarre vous a placé, vous penſez que tout doit plier ſous vos ordres, qu'il n'y a rien de ſacré pour vous ſur la terre : un proverbe dit : *qu'on s'aveugle aiſément dans ſa propre cauſe ;* mais, de bonne foi, comment juſtifier la liſte énorme des actions infâmes que votre libertinage a accumulées ſur votre tête ? Par exemple, à peine ſorti des mains de la nature, n'avez-vous pas fait paroître une propenſion décidée pour le vice? Tout le monde ſçait que ſon germe impur, cultivé, entretenu, échauffé par les diſcours infects des ſcélérats courtiſants & des mépriſables guenons de Verſailles, s'eſt développé chez vous avec beaucoup trop d'activité : ce qui n'eſt dans les hommes ordinaires que l'effet de la nature fut pour vous le réſultat de vos liaiſons avec les ſuppôts de Vénus. Aſſociée à une foule de roués titrés & nourris dans la fange de la débauche, votre ame corrompue a adopté avec joie leurs goûts dépravés.

LE COMTE D'ARTOIS.

Je ne vois pas qu'il y ait à cela autant

de mal que vous voudriez me le faire entendre. Quand les passions parlent dans le cœur de l'homme, & qu'elles se font sentir avec force je pense qu'il est tout naturel de les satisfaire : jeune, doué d'un tempérament fougueux, aimant les femmes, le physique, chez moi, ne devoit-il pas l'emporter sur le morale ? & parce que j'ai cédé aux aiguillons de l'amour dans un âge encore précoce ; croyez-vous M. que ce soit-là un motif de réprobation ? Vous connoissez donc bien peu le cœur du Français ?

L'ÉLECTEUR.

Pardonnez-moi, Monsieur, sensible à l'excès, doux, généreux, aimable, je sçais que le Français se porte sans cesse à prodiguer l'encens au beau sexe, & à faire même avec lui bien des sacrifices sur l'autel de Vénus ; mais vous conviendrez aussi que lorsque les sacrificateurs se plaisent à souiller le sanctuaire par des orgies infâmes, des rafinements de lubricité que la ſimple nature condamne ; il n'eſt perſonne qui ne s'indigne contre les auteurs de ces fêtes dignes des plus exécrables taudions : or, comment voulez-vous que la France inſtruite de vos courſes nocturnes, de vos ſtations ſcandaleuſes dans les plus dégoûtants bordels & chez les Laïs de toutes les claſſes ne conçoive pas pour vous le mépris le plus marqué ?

LE COMTE D'ARTOIS.

Tarare ! bagatelles que tout cela.

L'ÉLECTEUR.

Qu'appellez-vous bagatelles. Nous voyons les objets d'un œil bien différent l'un de l'autre ; quant à moi, je vous avoue que je ne ſçaurois me perſuader qu'aucune raiſon puiſſe jamais excuſer vos aſſemblées nocturnes dans vos petites maiſons de plaiſances, où, tout ce qui exiſte de plus crapuleux tant en hommes qu'en femmes ſe rendoit avec vous pour y jouer les ſcenes que la Tragédie de Meſſaline nous a décrite, & que le pinceau de l'Aretin n'auroit pu nous repréſenter ſans éprouver une ſorte d'indignation ; en effet, que penſer de vous, Monſieur, quand on apprend qu'entouré de l'écume des plus grandes G. de la capitale & de Verſailles, vous vous livriez avec elles nuds comme la main, vous, & vos pareils, aux poſtures les plus laſcives, aux danſes les plus lubriques, & aux repas les plus ſomptueux ? Qu'animés enſuite par les vapeurs exaltées du jus de la treille, chacun des champions s'emparant de ſa déeſſe s'élançoit ſur elle comme autant de ſatyres pour conſommer pluſieurs libations en actions de graces au Dieu Cupidon ? Je n'ai pas beſoin de rappeller les noms de toutes les Nymphes qui préſidoient à ces fêtes abominables, on ſçait aſſez que la *Duthé*, la *Contat*, y figuroient dans toute leur ſplendeur.

LE COMTE D'ARTOIS.

Qu'y a-t-il donc-là de ſurprenant ? Ne ſçavez-vous pas que tout cela eſt dans l'ordre ? Oui, M. dans l'ordre : en France, il eſt reçu chez les Grands dans les aſſauts qui ſe livrent à Cythere, de ſe porter aux derniers excès, ou, vous paſſez pour des gens de la lie du peuple, qui, ne connoiſſant point les myſteres que Vénus découvre à ſes ſeuls favoris, ſe livre groſſiérement aux plaiſirs des ſens, car, qu'eſt-ce qui rend la jouiſſance agréable ? Ce n'eſt pas tant l'acte en lui-même que les préludes, les alentours, les acceſſoires. Un coup de langue donné à propos, un doigt agile porté ſur le haut du thrône de votre Déeſſe, un teton que la bouche preſſe, tous ces avant-coureurs produiſent une ſenſation délicieuſe, & un effet étonnant dans ces ſortes de combats ?

L'ÉLECTEUR.

Peste ! Comme vous y allez : on voit bien que vous avez fréquenté les B.

LE COMTE D'ARTOIS.

Je conviens que j'ai toujours eu pour la débauche un penchant irrésistible ; que le petit trou est pour moi le plus cher de tous mes délices ; que mes actions, mes démarches, mes projets ne tendent qu'à ce but ; mais peut-on me faire un reproche de ce que la nature m'a gratifié d'une constitution robuste, d'une imagination bouillante, & exaltée pour la volupté ? J'ai couru, dites-vous, les B mais Louis XV, mon aïeul, de bien heureuse mémoire, n'a-t-il pas eu pour Maîtresse la Dubarry, dont l'éducation avoit été soignée dans ces Couvents destinés à la félicité ! Il y a long-temps, d'ailleurs que je me suis apperçu que pour éprouver les plus vives sensations de l'amour il n'y avoit pas d'autre ressource que de s'adresser aux Nymphes qui en occupent les temples. Là, enchaîné entre les bras & les cuisses rondelettes d'une beauté ravissante, sa lubricité secondée par l'habitude fait couler le plaisir à grands flots dans toutes les parties du corps de l'hatelete placé sur son sein : la volubilité d'une petite langue fléxible, les mouvements redoublés d'une charniere souple & déliée, les doux frémissements de tout son corps adorable, couronné d'une gorge blanche comme l'albâtre, & terminé d'un duvet noir comme l'ébene en prolongent le sentiment avec d'autant plus de vivacité que lorsque la nature est épuisée ou fatiguée, l'art arrivant au secours procure encore de nouvelles jouissances.

L'ELECTEUR.

Tout beau, Monsieur ! tout beau ! Hé quoi ! ne réprimerez-vous donc jamais les impulsions de votre caractere effréné & licentieux ? Loin de faire parade

rade de tous ces actes de libertinage, ne devriez-vous pas au contraire chercher à en étouffer le souvenir par une conduite plus exemplaire? car, quel fruit avez-vous retiré d'une pareille vie? le mépris du Français. Pouvoit-il en être autrement, lorsque comme je vous l'ai déja dit, pour assouvir les fougueux élans de votre concupiscence sacrilége, vous vous êtes lié à une troupe de gredins, de scélérats, le rebut de la populace; buvant, mangeant & jouant avec cette race impie & adulterre, vous n'avez cessé de participer à tous leurs crimes: delà une corruption totale s'est emparée de votre cœur; ce poison impur, votre incontinence ne le fit-elle pas partager à votre estimable & vertueuse épouse? pour en arrêter les progrés dangereux, elle fut obligée de recourir aux enfants d'Esculape, qui, heureusement pour elle, trouverent le secret de la guérir radicalement. De plus en sortant de la couche nuptiale où le caprice vous ramenoit parfois, vous poussiez l'indécence jusqu'à employer avec elle les ſales propos que vous aviez recueillis de la tourbe infâme des viles créatures qui ſervoient d'inſtrument à vos débauches. Sans retenue, ſans pudeur, ſans égard pour le nœud de l'himen, vous ne rougiſſiez même point de lui faire prendre les attitudes forcées & ſcandaleuſes dont nous parle D.. B.... tant il eſt vrai que votre luxure prophane les objets les plus dignes de reſpect & de ménagement.

Le Comte d'ARTOIS.

Savez-vous bien, M., que ſi ce n'étoit ces petites ruſes que les hommes habiles ſavent mettre en uſage avec leurs cheres moitiés, le commerce amoureux ſeroit on ne peut plus inſipide; car eſt-il rien de moins piquant que la jouiſſance d'un mari avec ſa femme? Or, pour réveiller le plaiſir, pour le ranimer, pour en aiguiſer les traits, je ne vois rien de ſi naturel que de ſe ſervir de moyens propres à nous en faire goûter toutes les ſenſations.

L'ELECTEUR.

Fi, M.! je ſuis étonné que vous oſiez encore entreprendre de juſtifier de pareilles reſſources; eſt-ce-là la marche de la nature? ne réprouve-t-elle pas au contraire ces ſituations révoltantes, & qui devroient faire rougir le plus crapuleux débauché? Mais on ſait aſſez que plongé juſqu'au cou dans la craſſe du libertinage, vous vous faites un plaiſir de les exécuter dans vos orgies, & même de renchérir encore ſur ces tableaux dégoûtants. Auſſi votre incontinence qui ne connoît plus de frein, ſe porte-t-elle vers tous les objets que vos yeux découvrent, & que vous jugez habiles dans l'exercice des luttes amoureuſes. Voilà pourquoi, ſans doute, vous avez cru que la Ducheſſe de Bourbon, à l'exemple de ſa mere qui étoit la plus grande P..... de ſon ſexe, ſe prêteroit volontiers à vos insatiables desirs, mais vous vous êtes trompé : vous n'essuyâtes pas seulement la honte d'un refus ; si ce n'eût été par égard pour la Famille Royale dont vous déshonorez le nom, son mari vous auroit encore fait payer cher une tentative digne d'un polisson de votre espece ; on vous regarda comme un étourdi, un inconséquent, un mauvais sujet ; on vous méprisa, & on eut raison. Je suis seulement fâché d'une chose, c'est qu'on ait poussé l'indulgence envers vous un peu trop loin ; j'aurois desiré pour l'intérêt des mœurs, la tranquillité des maris, & contenir désormais vos passions dans les bornes de la décence, que le Duc de Bourbon vous eût tiré au moins une bonne palette de sang.

Le Comte d'Artois.

Vous avez bien de la bonté.

l'Electeur.

Je vais même plus loin ; je ne crains point de vous dire qu'il eût rendu un très-grand service à la France de l'avoir débarrassée de votre fardeau. La tâche n'eût pas été difficile, comme bien vous entendez ; car personne n'ignore que vous êtes aussi mauvais guerrier que célebre débauché. Aussi quand le Prince Henri vint à la Cour de Versailles, & que vous voulûtes le plaisanter sur les guerres des Pays-Bas, en lui disant qu'il alloit faire de grandes conquêtes, vous riposta-t-il avec sa finesse ordinaire, que pour vaincre ses ennemis, il auroit grand besoin de l'épée avec laquelle vous aviez conquis Gilbraltar. Quoi qu'il en soit, ce n'est pas là ce qui m'irrite davantage contre vous, parce qu'en fait de poltronerie, vous avez cela de commun avec bien d'autres, même de votre sang ; mais c'est d'apprendre journellement que vous avez secoué le joug de toutes les bienséances pour afficher le libertinage le plus affreux envers toutes les femmes sans distinction.

Le Comte D'ARTOIS

Ah ma foi, M., rompons : fatigué ;

obſédé, abîmé de mon voyage, j'ai plus beſoin de repos que de conſeils.

l'Electeur.

Juſques au fond du cœur j'en ſuis parbleu fâché. Mais tandis que je vous tiens, il faut que je vous diſe tout. Je ſais bien que déchiré peut-être en ce moment par les remords, ſi toutesfois vous en êtes ſuſceptible, & le ſouvenir de vos ſcélérateſſes, vous voudriez échapper à ma cenſure ; ſachez que vos efforts ſeront inutiles.

Le Comte d'Artois.

Mais, M.......

l'Electeur.

Je ne vous écoute point : quand on s'eſt rendu coupable aux yeux de l'Univers de tous les forfaits que la méchanceté humaine peut inventer, on doit ſe taire & recevoir dans un ſilence reſpectueux les reproches que tout le monde veut nous en faire : ce ton là vous ſurprend, n'eſt-ce pas ? Elevé dans une indépendance abſolue, n'ayant jamais ſuivi que vos caprices criminels dans toutes vos actions, je ſens parfaitement que vous devez vous trouver un peu humilié, aujourd'hui que vous êtes obligé de vous expatrier, & que le Français a mis votre tête à prix : mais convenez que vous le méritez bien ; car ſi dans le cours ſcandaleux de votre vie licencieuſe, votre libertinage ne ſe fût exercé qu'envers des créatures perdues de réputation ; vous n'auriez compromis que vous-même ; mais c'eſt que malheureuſement vous avez encore déshonoré la Reine votre belle-ſœur, à qui vous n'avez-pas rougi de faire partager les fruits honteux de votre crapuleuſe débauche.

Le Comte D'ARTOIS.

Oh ! je ſais bien qu'il ſe débite à cet

égard beaucoup de propos sur son compte & le mien ; mais il ne faut pas toujours s'en rapporter au public.

L'ELECTEUR.

Hé ! comment voulez-vous qu'il puisse se tromper, quand tout le monde est instruit, à n'en pas douter d'un seul moment, que vos plus ardents desirs ont toujours eu pour objet de violer l'un & l'autre, les droits inviolables de l'hymen? Croyez-vous que le peuple ignore toutes vos allées & venues, vos parties de plaisirs, vos promenades dans les bosquets de Versailles, de S. Cloud, de Marly, de Bagatelle, de Trianon, de la Muette, &c. &c. &c. ? Combien de fois, à l'ombre du mystere & du silence ces lieux charmants ont été propices à vos desirs amoureux ! Combien de fois la R.... cédant à la chaleur de vos fougueux transports, n'en a-t-elle pas ressenti les agréables atteintes ! Je conçois aisément qu'attachée à un époux sans vigueur, & tourmentée par la ſoif d'appaiſer les feux dont elle étoit dévorée, vous n'avez pas eu beaucoup de peine à la vaincre: élevé d'ailleurs à l'ecole du putaniſme; connoiſſant par conſéquent toutes les ruſes & les reſſorts que les diſciples de Priape mettent en activité pour gagner le cœur des Prêtreſſes qu'ils ſe propoſent d'attaquer, la victoire ne pouvoit vous fuir; mais ſi les feux adulteres de votre lubrique belle-ſœur ſe manifeſtoient avec un peu trop de force, étoit-ce à vous de les éteindre? que n'en laiſſiez-vous le ſoin au R.... votre frere? Vous me direz, peut-être, que marqué au coin d'une organiſation imparfaite au phyſique, & d'un caractere froid, lourd, peſant; c'eût été un meurtre de laiſſer ſon épouſe ſe conſumer par les ardeurs de la concupiſcence; mais au moins deviez-vous ſauver les apparences & ne pas trop ſcandaliſer le public par vos liaiſons fréquentes & intimes.

Le Comte d'Artois.

Le public a tort.

l'Electeur.

Le public a raison.

Le Comte d'Artois.

Comment ! parce que je me serai promené avec ma belle-sœur, que nous aurons ri, badiné & joué quelquefois ensemble, il faut en conclure que j'ai violé la couche nuptiale du Roi vous n'y pensez pas. Ah pardieu, si sur de telles miseres la censure peut s'exercer, il est peu de maris qui échappent à ses traits.

l'Electeur.

Vous cherchez à excuser la Reine vous faites bien ; mais au fond du cœur vous savez mieux que personne que la critique a raiſon. Ah ! que ſi les oiſeaux des bocages dont je viens de citer les noms pouvoient parler, combien de ſecrets ne révéleroient-ils point, là ! avouez-le, n'eſt-ce pas ?

Le Comte d'Artois.

Je vous ai déjà dit qu'il n'y avoit rien de ſi faux.

l'Electeur.

Pourquoi nier une choſe dont toute la Cour, la Capitale & les Provinces ſont inſtruites ? Vous aurez beau dire & beau faire, la renommée n'en publiera pas moins que vous l'avez f....., patinée, maniée, tant & plus ; en un mot qu'il n'eſt point de partie ſur ſon corps que vous n'ayez parcouru.

Le Comte d'Artois.

Hé bien, puiſque la ſagacité du public a pénétré dans les ſecrets de nos liaiſons ; puiſque vous me preſſez de vous dire la vérité , j'avoue que je me ſuis rendu coupable du crime d'adulterre ; que ſans égard pour les liens du ſang, j'ai bravé la religion, les mœurs ; que j'ai brûlé pour la Reine des feux les plus tendres ; que jai paſſé avec elle les moments les plus doux , les plus agréables, les plus beaux de ma vie. Hé ! comment aurois-je pu réſiſter à tant d'attraits ! jeune, belle, bien faite, une taille ſvelte une démarche fiere & leſte , une peau blanche comme la neige , deux tetons éblouiſſants , couronnés par un bouton d'un rouge écarlate , une bouche vermeille & voluptueuſe , il me ſembloit que je voyois en elle une Divinité. Inſtruit des deſirs brûlants dont elle étoit dévorée, & du peu de ſoin que ſon mari prenoit à les ſatisfaire, j'aurois cru me rendre odieux à une belle-ſœur auſſi adorable, ſi je ne m'étois empreſſé de lui offrir mes hommages ; ſoins délicats, agaceries, jeux de mots, baiſers de flammes, je lui prodiguai tout : j'apperçus dans ſes yeux pétillants & à ſes ſourires enchanteurs, que je n'avois qu'à m'expliquer plus ouvertement pour devenir heureux. Je le fis ; elle parut n'être point inſenſible à mes diſcours ; je profitai du moment favorable ; l'heure ſonne à Cythere, je jouis, je triomphe ; ô bonheur inexprimable ! ô ſouvenir précieux à mon cœur ! que j'éprouvai de charmes dans ces inſtants ſi doux ! Repréſentez-vous cette beauté étendue, tantôt ſur un gazon tantôt ſur un ſopha, les yeux mourants, m'entrelaçant dans ſes bras & dans ſes jambes comme un ſerpent qui ſe recourbe en replis tortueux, collant ſa bouche contre la mienne, s'abandonnant à toutes les impulſions de l'amour, d'autant plus ſenſible au plaiſir que je le lui faiſois goûter pour la premiere fois, & que je déployois dans nos ébats toutes les reſſources que l'art pouvoit me ſuggérer.

L'ÉLECTEUR.

Oh ! je vous reconnois bien là ; mais,

encore une fois, vous deviez au moins voiler vos intrigues aux yeux du vulgaire, qui, en pareil cas, par égard pour son Roi, se trouve toujours offensé de ces sortes de familiarités, en même temps qu'il conçoit la haine & le mépris le plus fort contre ceux qui en sont les Auteurs: mais point du tout, il semble que vous ayez affecté de mépriser toutes les bienséances; car, qui ne sçait que dans le Parc de Versailles, en vous promenant avec la R...., vous outragiez *sa pudeur* à un tel excès, que lorsqu'elle se plaisoit à vous porter sur ses épaules; tandis que votre main gauche s'appuyoit sur son front pour soutenir votre individu, la droite se permettoit de descendre entre ses deux monts d'albâtre & même d'en parcourir toute l'étendue? Qui ne sçait encore que toutes les fois que vous jouyiez à la pantoufle, vous affectiez de la faire passer sous les ajustements de la R...., à côté de laquelle vous preniez toujours place, tandis qu'il n'en étoit rien, & que vous n'aviez l'air d'en agir ainsi que pour avoir occasion de porter une main libertine sur l'autel de la déesse ? Qui ne sçait enfin que dans toutes vos petites courses vagábondes avec la R...., vous la chifonniez, vous la caressiez, vous lui appliquiez cent & cent baisers, tantôt sur la main, tantôt sur la bouche, & qu'insensiblement vous finissiez toujours par la terrasser & tomber avec elle entre ses bras, d'où vous ne sortiez qu'après avoir savouré le plaisir à longs traits ? Vous conviendrez avec moi que toutes ces scenes devoient révolter.

Le Comte d'Artois.

Peu m'importe; quant à moi, je vous assure qu'elles m'étoient très-agréables.

l'Electeur.

Je n'en doute pas : mais ce qui a encore augmenté l'indignation du peuple François contre vous & la R....; c'étoit votre association avec la vampire infernale de *Poli-*

gnac. Cette abominable gueuſe dont l'ame poſſédoit au ſuprême degré la connoiſſance de tous les crimes, ſe faiſoit un jeu de vous en inſtruire l'un & l'autre. Avec les diſpoſitions naturelles qu'elle vous connoiſſoit, il étoit bien difficile que vous ne profitaſſiez point de ſes leçons. Auſſi eut-elle le ſecret de faire paſſer dans le cœur de votre très-chere belle-ſœur, ſon goût dépravé pour le ſexe, & qui lui valut le ſurnom de *Tribade*. Réuniſſant en elle des qualités auſſi déteſtables, tout homme délicat s'en ſeroit éloigné à cent lieues : mais vous qui n'y regardez pas de ſi près & qui vous faites une gloire même, faute de pouvoir en acquérir aucune autre, d'exceller dans la débauche, vous avez ſaiſi, avec avidité, la funeſte occaſion de vous inſinuer auprès de ces deux Meſſalines pour mêler vos plaiſirs aux leurs.

Le Comte D'ARTOIS.

Loin de blâmer ma conduite, on ne peut

peut au contraire que l'approuver : n'étoit-il pas douloureux, en effet, pour l'amour, de laisser ces deux beautés s'épuiser entr'elles? Touché de leur coupable illusion, j'ai voulu leur dessiller les yeux en leur offrant mes services; elles les ont accueillis; leur reconnoissance envers moi n'a cessé d'éclater. De mon côté, je les ai continuellement cultivées; quand je sortois des bras de l'une, je m'élançois dans ceux de l'autre : la diversité de ces deux mets aiguillonnoit mon appétit, la parque filoit nos jours dans le sein de la mollesse & du bonheur; peut-on trouver du mal à cela ?

l'ELECTEUR.

Très-fort; & votre commerce avec la R.... étoit d'autant plus répréhensible que des fruits de vos amours il en est éclos des enfants adultérins qui doivent gouverner les rênes de la Monarchie française. Quant à ceux à qui la *Polignac* a donné l'être, & à la formation desquels vous avez également travaillé, c'eſt un très-mauvais ſervice que vous avez encore rendu à l'humanité; parce qu'ayant ſucé le lait de cette exécrable mégere, il eſt bien difficile de croire que ce ne ſoient pas autant de ſerpents venimeux, qui, à l'exemple de leur mere, ſe feront un plaiſir un jour de ravager la terre.

Le Comte D'ARTOIS.

Si vous aviez été à ma place, je doute que vous n'ayez point brûlé votre encens dans le temple de ces deux divinités.

L'ELECTEUR.

Dites plutôt de ces deux furies; ouvrez les yeux & voyez dans quels profonds abymes leur ſociété vous a précipité, vous & une foule de peres de famille! obligé pour aſſouvir leurs plaiſirs inſatiables de vous livrer aux dépenſes les plus exceſſives, vous avez d'abord eu recours au tréſor royal; mais quand les caiſſes, grace à votre prodigalité, furent épuiſées, vous avez employé d'autres moyens : après avoir abſorbé tout-à-coup les revenus que l'Etat fournit à ſi injuſte titre, à vos beſoins, l'emprunt eſt devenu entre vos mains une reſſource pour alimenter vos jouiſſances ; mais aujourd'hui que votre fuite, la ſuppreſſion de votre maiſon, privent vos créanciers de leur paiement, ces malheureux ſont forcés de faire banqueroute ; témoin le Banquier *Pinet*. Or, jugez des imprécations, des horreurs & des malédictions que le François doit vomir, avec raiſon, contre vos révoltants déréglements.

Le Comte D'ARTOIS.

Si le R.. m'eût cru, il n'en ſeroit point où il eſt, ni moi non plus ; d'accord avec les Miniſtres, nous avions un moyen ſûr de remplir les caiſſes de l'Etat & les nôtres.

L'ELECTEUR.

Quel étoit donc ce moyen ?

Le Comte D' ARTOIS.

Etablir des impôts, & se bien garder d'assembler les Etats.

L' ELECTEUR.

Mais les Parlements s'y seroient opposés ; ils n'auroient point enregistré.

Le Comte D' ARTOIS.

Les Parlements ! oh ! s'ils avoient récalcitré, je les aurois détruit, & j'en aurois placé d'autres qui m'auroient été dévoués.

L' ELECTEUR,

Et le Peuple ?

Le Comte D' ARTOIS.

Figurez-vous donc, M., que si l'impôt territorial eût été enregistré, le Peuple eût été content, parce qu'il frappoit sur tout le monde ſans diſtinction ; nous autres Grands, nous n'en jouirions pas moins de tous nos honneurs, & la France ne ſeroit point livrée en ce moment aux révolutions qui déchirent ſes entrailles. Oh ! vous verrez encore bien autre choſe ! patience ! patience !

L'ELECTEUR.

Je ne ſçais ſi je me trompe, mais il me ſemble que ce changement lui ſera beaucoup plus ſalutaire que funeſte.

Le Comte D'ARTOIS.

Eh ! mon Dieu, je le ſais auſſi-bien que vous. Ce n'eſt pas là ce que je veux dire : mais penſez-vous que nous la laiſſions s'opérer tranquillement, cette révolution ? Oh que non. Sçachez, M., qu'avant qu'elle ſoit bien cimentée, il *y aura encore bien du ſang de verſé*. Quel eſt notre intérêt ? de jetter la diviſion dans tous les eſprits, de faire battre les François entr'eux, afin de les atténuer, de les affoiblir les uns par les autres; & quand leurs forces seront diminuées, nous profiterons de cette circonstance pour les écraser à notre tour, & les gouverner plus que jamais avec une verge de fer. Ah ! que je me vengerai bien alors !

L'ELECTEUR.

Votre projet est exécrable !

Le Comte D'ARTOIS.

Ah ! vous croyez, M., que nous devons regarder l'entreprise audacieuse du François, d'un œil tranquille ! il nous aura bernés, chassés, insultés, massacrés, & nous resterons dans l'inaction ! de quel sang descendez-vous donc pour voir tout cela sans indignation ?

L'ELECTEUR.

J'en éprouve beaucoup, mais non pas contre la Nation Françoise.

Le Comte d'Artois.

Vous osez la justifier ! mais vous ne sçavez donc pas de quoi nous sommes capables. Si je vous disois que sans cet imbécille Prince de *L'ambesc*, la révolution dont les François s'en orgueillisent tant aujourd'hui, ne seroit jamais arrivée ; que répondriez-vous ? Vous ignorez donc que la nuit qui a suivi la prise de la Bastille, nous avions cinquante mille hommes à notre disposition pour s'emparer de la Ville de Paris, l'attaquer & mettre tout à feu & à sang.

l'Electeur.

Quels sont les monstres qui ont pu former un complot aussi détestable ?

Le Comte d'Artois.

Doucement M., quand vous serez instruit que la R...., la Polignac, les Ministres d'alors, la haute Noblesse, les Parlements

& moi, nous en dirigions tous les ressorts, j'espere que vous ménagerez vos termes.

l'Electeur.

Que dites vous là, ô Ciel! & les François ne vous ont pas encore exterminés sans en excepter un seul de toute votre race maudite!

Le Comte d'Artois.

M........

l'Electeur.

Sors de chez moi, scélérat, ta présence m'est un objet d'horreur! je ne puis te considérer sans que tout mon corps frissonne d'épouvante! sors, encore une fois, & vas te faire pendre ailleurs.

FIN.

www.ingramcontent.com/pod-product-compliance
Ingram Content Group UK Ltd.
Pitfield, Milton Keynes, MK11 3LW, UK
UKHW021815190726
13853UKWH00003B/1003